谨以此书献给史蒂夫·M.和丽莎·B.，感谢你们让"笑个不停的漫画小百科"系列顺利出版！

——迈克·洛厄里

江苏省版权局著作权合同登记 图字：10-2023-430

EVERYTHING AWESOME ABOUT SHARKS
AND OTHER UNDERWATER CREATURES!
(Book#2)
Copyright © 2020 by Mike Lowery. All rights reserved.
Published by arrangement with Scholastic Inc.,
557 Broadway, New York, NY 10012, USA

图书在版编目（CIP）数据

你不知道的鲨鱼和海洋生物 / （美）迈克·洛厄里著；
徐辰，何晶译. -- 南京 ： 南京大学出版社，2024.7
（笑个不停的漫画小百科）
ISBN 978-7-305-27720-7

Ⅰ．①你… Ⅱ．①迈… ②徐… ③何… Ⅲ．①鲨鱼—
儿童读物②海洋生物—儿童读物 Ⅳ．①Q959.41-49
②Q178.53-49

中国国家版本馆CIP数据核字(2024)第032891号

出版发行 南京大学出版社
社　　址 南京市汉口路22号　**邮　　编** 210093

笑个不停的漫画小百科
你不知道的鲨鱼和海洋生物 NI BU ZHIDAO DE SHAYU HE HAIYANG SHENGWU
[美]迈克·洛厄里 著　徐辰 何晶 译

图书策划 麻雪梅　　　　　**责任编辑** 陈　佳
封面设计 许　将　　　　　**特约统筹** 刘清园
美术编辑 许　将
开本 889 mm×1194 mm　1/16 开　**印张** 7.25
字数 120千字
印刷 上海中华印刷有限公司
版次 2024年7月第1版
印次 2024年7月第1次印刷
ISBN 978-7-305-27720-7
审图号 GS（2023）3568号
定价 58.00元

出品策划 荣信教育文化产业发展股份有限公司
网址 www.lelequ.com　**电话** 400-848-8788
乐乐趣品牌归荣信教育文化产业发展股份有限公司独家拥有
版权所有　翻印必究

笑个不停的漫画小百科

你不知道的

鲨鱼 和 海洋生物

[美]迈克·洛厄里 著　　徐辰 何晶 译

乐乐趣

南京大学出版社

嘿，你好呀！

我叫迈克·洛厄里，

我想给你展示一样好东西。那就是一本厚厚的

鲨鱼书！

（就是你手上拿着的这一本啦！）

这本书装满了 有用的知识 、 有趣的事实

以及有料的笑话。等你上"钩"！

为什么要写一本关于鲨鱼的书呢？因为鲨鱼是一种非常酷、非常有趣的生物！但是鲨鱼不是唯一一种有趣的水下生物。

从这本书中，除了鲨鱼，你还能了解到：

杀手蜗牛

发光鱼类

软体鱼类

等有趣的海洋生物！

感谢你打开这本书！——迈克·洛厄里

目 录

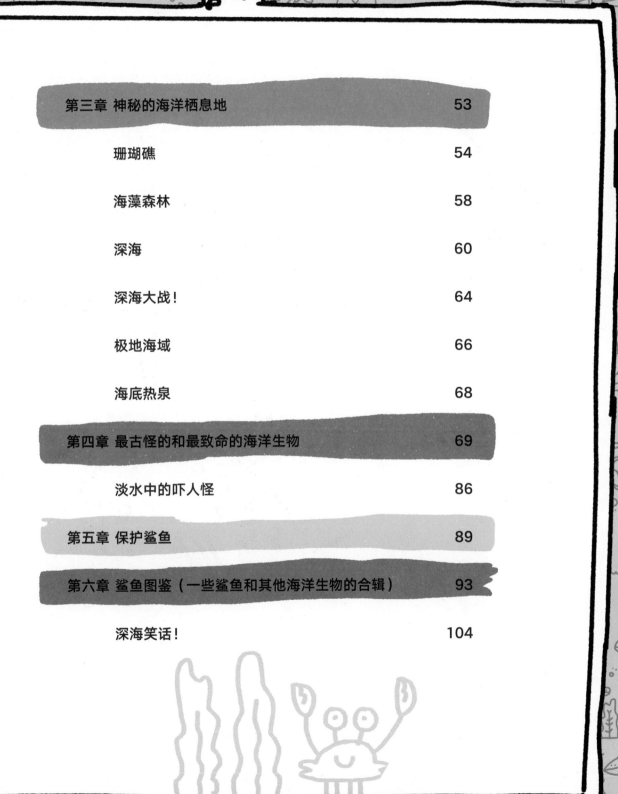

在介绍鲨鱼之前，我们先来聊一聊鲨鱼居住的地方……

第 一 章

神奇的
海洋

我们这个星球上的大部分水域被划分成四大洋。
海洋占地球表面约71%的面积。
海洋里充满了令人敬畏的生物，例如鲨鱼！

亚洲

太平洋

印度洋

大洋洲

海洋 知识 宝典

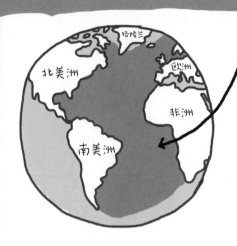

① 大西洋

大西洋的英文名（Atlantic）源于古希腊神话中擎天神阿特拉斯（Atlas）的名字。

- 约占地球表面积的1/5
- 大多数主要河流（密西西比河、亚马孙河、刚果河）都汇入大西洋
- 拥有所有海洋中最高的潮汐

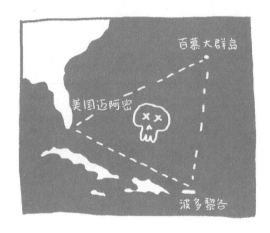

百慕大三角

也在大西洋哟！

百慕大三角是由百慕大群岛、美国的迈阿密和波多黎各三点连线形成的一个三角地带。据说，在这个神秘的三角地带，船只和飞机会消失！有些人甚至声称外星人喜欢来这里，到访那座沉入海底的古城——失落的亚特兰蒂斯城！当然，科学家们可不这么认为。

② 印度洋 世界第三大洋

* 隐藏在印度洋之下的是一块被淹没的大陆——凯尔盖朗高原。

奇闻逸事

印度洋的深度每年会增加几毫米！这是因为北极和南极的极地冰盖在融化。

印度洋是一些濒临灭绝的物种的家园，

体长可达3米，体重可达500千克。

例如 **儒艮** （rú gèn）。

3 在地球最北端的 # 北冰洋

· 最小最浅的海洋　　· 常年被 **冰** 覆盖

它的英文名（Arctic）源自希腊语，意思是

正对着大熊星座的海洋。

北冰洋虽然非常寒冷，但是仍然有动物居住在这里。例如：

一角鲸　　海象　　白鲸

南大洋

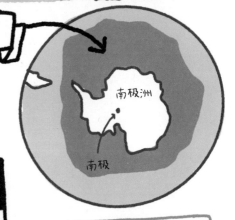

南极洲

南极

· 通常指南极洲周围的水域
（包括南太平洋、南大西洋和南印度洋的一部分）

最危险的海洋

在冬季的几个月里，南极洲海岸附近的海面上漂浮着大片大片的冰。

南极洲

巨大的冰块从冰川上脱落，漂浮在海面上形成冰山。

冰山，加上可怕的暴风雨，以及巨大的海浪，让这里成了航行者的梦魇（yǎn）。

你知道吗？

哇！

南极洲是人们最晚发现的一个大陆。世界上第一个到达南极点的人是挪威探险家罗阿尔德·阿蒙森。

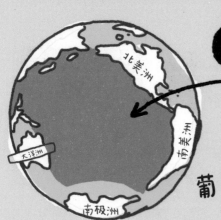

4

太平洋

葡萄牙探险家麦哲伦将它命名为：

MAR PACÍFICO

这个葡萄牙语词组的意思是"平静的大海"。

迄今为止最大的海洋。它覆盖了约

$\frac{1}{3}$

的地球表面积！

太平洋的面积比世界上陆地的总面积还要大！

太平洋上的小岛超过2万个！

超过其他大洋的岛屿数量的总和！

大堡礁的所在地

世界上最大的珊瑚礁群

这里也是马里亚纳海沟的所在地。马里亚纳海沟是人类已知的地球上最深的地方！

地球上最孤独的地方

国际空间站 ↗

尼莫点

这可不是《海底总动员》里面的小丑鱼"尼莫"！ ↗

← 而是以《海底两万里》中的角色"尼莫船长"命名的。

南太平洋中有一处地点离陆地非常遥远，以至于离它最近的人类竟然是在国际空间站上工作的宇航员。距离它最近的陆地也在2 600千米以外，而国际空间站距离地球通常为400千米。

安息吧，航天飞船！

×

这里也是 航天器的"海底公墓"！

当航天器返回地球时，它们在穿越地球大气层的时候通常会被烧毁。尼莫点远离人类居住的地方，从天而降的宇宙垃圾不会砸到人类，所以科学家选择这里作为航天器的着陆点。截至2018年，一共有超过260艘航天器被"埋葬"在这里。

地球上的海洋是如何形成的？

很久很久以前（具体地说，大约3亿年前），世界上只有一个海洋，叫作

泛大洋。

那个时候，所有的陆地都连成一片，叫作

泛大陆。

大约2亿年前，巨大的泛大陆开始分裂，各个板块开始漂移。

板块构造说

板块构造说认为，地球表层由巨大的板块构成。各个板块一直在移动，但是速度非常非常缓慢。这些移动的板块在现代海洋和陆地的形成中发挥了重要作用，但也会导致地震和火山爆发。

太平洋火环

太平洋火环（又称环太平洋火山带）是一个围绕太平洋，经常有地震和火山爆发的带状区域，全长约40 000千米。

这里有超过

450 座火山。

全球 75% 的火山都在这里。

太平洋火环

太平洋板块

亚洲　北美洲　南美洲　大洋洲

世界上90%的地震都发生在这个区域！这里的火山和地震基本都是地球上最大的板块——太平洋板块挤压周围板块的结果。

海啸

海底的地震还会引发海啸。海啸可能会引发高达30米的波浪，相当于10层楼的高度。海啸和喷气式飞机几乎一样快，速度可达800千米/时。海啸有时会席卷海岸，造成很多损失。

如何发现即将到来的海啸？

地震！

如果你正在海边，感到地面震动，那么有可能会发生海啸。

水位突然发生变化！

如果海面突然升高或降低，请立刻撤离到地势较高的位置。

海啸会引发一系列的波浪，而不仅仅是一个大波浪。有时，第一波浪潮并不是最危险的。

海洋的区域

水能够吸收和散射阳光，海洋中越深的区域，接收到的光也就越少。根据海洋的深度，海洋被划分为不同的区域。

透光带
（海洋表面~深度200米）

透光带有充裕的阳光。因此，浮游生物和藻类等大多数生物都喜欢生活在这里。小鱼在"植物自助餐"区闲逛，有些小鱼会成为海豚等更大的海洋生物的食物。

暮色带
（深度200~1000米）

这一层会有来自海面的一点微光。这里没有植物生长，但仍然生活着像水母、章鱼和鱿鱼这样的"原住民"。

我还是能看见一点儿的。

半深海带，也叫午夜区
（深度1000~4000米）

这个区域根本没有光！若要说光亮，仅有一些在黑暗中发光的动物（如蝰鱼和鮟鱇）偶尔发出一点儿光！而且，这儿的温度非常低。由于没有阳光，生活在这里的许多生物都是黑色或红色的。有时，一些鲸会潜到这儿寻找食物。

嘻嘻，我就喜欢这里。

深海带
（深度4000~6000米）

深海带的英文名（Abyssal zone）源于希腊语，意思是"深不见底"。

大约75%的海底都在这个区域。

超深渊带
（深度超过6000米）

最后一个区域是超深渊带，它在海底的深海沟中。这个区域的英文名（Hadal zone）源于古希腊神话中的冥界之王哈迪斯的名字。

如果没有专业的潜艇，人类是无法到达超深渊区的。因为这里的水压非常大，是海洋表面压力的1100倍，相当于50架飞机压在你的身上！

海洋有多深？

水下的朋友，你们能看见我吗？

40米
休闲潜水所允许的最大深度。

100米
人类无装备下潜的安全深度。小心，继续下潜可能会遭遇危险！

214米
无限制自由潜水世界纪录。这是赫伯特·尼奇一口气下潜的深度！

332米
人类水肺潜水的最大深度。

449米
与帝国大厦的高度相近。

828米
世界上最高的建筑哈利法塔的高度。

1 280米
棱皮龟下潜的最大深度。

接着往下！

3 800米
泰坦尼克号的残骸所沉入的深度。

你知道吗？

水肺

全称是
自携式水下呼吸装置！

8 848.86米
珠穆朗玛峰在水中"倒挂"时所能触及的深度。

10 898米
詹姆斯·卡梅隆（《泰坦尼克号》《阿凡达》的导演）探索"挑战者深渊"时，下潜抵达的深度。

10 916米
1960年，唐·沃尔什和雅克·皮卡德花了5个小时才抵达这一深度。可惜的是，由于高压，潜水器的玻璃出现裂缝，他们不得不返回海面。

挑战者深渊！

人类已知的海洋里最深的地方，是太平洋马里亚纳海沟的"挑战者深渊"。它的深度超过11 000米！这超过了世界上最高的山——珠穆朗玛峰 8 848.86米的高度。

马里亚纳蜗牛鱼

通体半透明

迄今为止发现的最深海域的鱼！

2014年发现

在8 000米的深海区域所发现的鱼类

我们对海沟里的生命知之甚少，但那里确实存在一些生命，比如微生物。科学家在马里亚纳海沟发现了像这样的小蜗牛鱼！

维克多·维斯科沃

电影导演詹姆斯·卡梅隆保持着多年的单人潜水最深纪录。但是，在2019年，他的纪录被亿万富翁维克多·维斯科沃打破。维克多乘坐潜艇到达了马里亚纳海沟的底部，深度达10 928米。

在那里，他看到了生活在海底的生命，但可悲的是，他也看到了塑料垃圾袋。

潜到最深

这是一艘潜水艇？

是的！它独特的形状有助于承受水下的压力！

这艘潜水艇的形状看起来很奇怪，因为它要承受海底的巨大压力。

真香！

科学家在马里亚纳海沟发现了一种新的细菌。这种细菌喜欢"吃"石油。它可能有助于清理海洋中泄漏的石油！

海水中 充满了生命。

一滴海水 中约有

100万个微生物！

呃，我刚尝了一点点。

别担心，大部分微生物都是 无害的！

看这里！

大约

80%

的生命生活在

海洋里。

科学家认为，人类目前只认识了大约9%的海洋生物。接下来我们会有什么新发现呢？

秘密山脉

我可不会游泳呀！

世界上最大的山脉几乎完全在水下。它被称为洋中脊，绵延超过64 000千米，有着比阿尔卑斯山更高的山峰。直到1973年，探险家才探访了大西洋洋中脊，比人类登月足足晚了4年。

海洋怪声

1997年，水下麦克风侦测到海洋中一种很响亮的声音，人们称其为"海洋怪声"。相距约5 000千米的研究人员也通过收听器听到了这种声音，它比任何已知的动物的声音都响亮。研究者在那个时候认为海洋怪声可能源于某一种生物。

难道这个声音的主人是某种不为人知的庞然大物？

或者是神秘的天外来客？

直到10年以后，科学家才发现，怪声原来是**南极洲破冰的声音。**

海洋中的湖泊和瀑布？！

这似乎有点儿奇怪，但在海洋中，有些区域海水的密度比其他地方高，从而形成了水下湖泊和瀑布。有些时候，湖泊中甚至涌动着波浪。

更奇怪的是，世界上最高的瀑布竟然藏在海底！它就是丹麦海峡海底瀑布，总落差高约3 500米，每秒水流量是尼亚加拉瀑布的800多倍。

我会飞了！

想近距离看看吗？

不，我可不想被浪拍飞！

感觉一切都是蓝色的？

你有没有注意到，海水看起来是蓝色或蓝绿色的？那是因为海水会吸收阳光中其他颜色的光，而将蓝色光反射回去，这就是为什么海水看起来是蓝色的，当然前提是水体非常干净。小溪之所以看起来是棕色的，是因为它里面经常漂浮着一些泥土，而泥土也会反射光线。

我变蓝了！

"金波"沁涌

海洋里漂浮着将近2 000万吨"免费"的金子。但是，这些金子颗粒实在太小了，无法从海水里提取出来。

天哪！
我想要金子！

这么多金子值多少钱？
我们来算一算，1吨金子大概价值7 100万美元。7 100万乘以2 000万，等于……嗯……反正是很大一笔钱！

消失的核弹！

在海洋中，很多东西总是会莫名其妙地消失，包括船、飞机……还有核弹。

曾经有几枚核弹消失在海洋里。其中一枚核弹在距离日本海岸仅110千米的地方失踪。20世纪60年代，当"提康德罗加号"航空母舰遭到袭击时，这枚核弹从航空母舰的甲板上滚落至海里。

还有两枚核弹于1956年在地中海上空失踪。一架载有两枚核弹的喷气式飞机消失在4 420米的高空，飞机和机组人员以及那两枚核弹，再也没有出现过。

寻"弹"启事

你见过
这枚核弹吗？

就像这种核弹！

海洋中发现的奇怪物品大全

赫拉克利翁 失落之城

在埃及海岸附近发现的一些遗迹来自2 300年前的文明，包括64艘船、700多个锚、一座巨大的神庙、大量金币，甚至还有一座约5米高的雕像。

小黄鸭军团

有28 000多只小黄鸭从货船上掉下来，这可不是一个好消息，但科学家可以用它们来研究海洋的洋流运动。当在地球上的某个地方发现其中一只小黄鸭时，科学家或许就可以猜到洋流是如何将它带到那里的。

乐高巨人

十几年前，人们在海岸上发现了一些巨型乐高玩具人，但乐高公司并没有制造它们。

其实，我只是想度假！

神秘雪球

好吧，这竟然是在海洋中形成的。2011年，数以千计的雪球被冲上西伯利亚的海滩，遍布约17千米长的海岸线。有的雪球像网球那么大，有的直径近1米。事实上，这只是一种罕见的自然现象，风和水裹着冰形成了雪球。

古老的漂流瓶

2018年，一名澳大利亚女性在海滩上发现了一个旧瓶子，里面还有一封信。事实上，这个瓶子是1886年海洋观察队为了研究世界洋流而丢在印度洋上的。

第 二 章

鲨鱼来了！

什么是鲨鱼？

在上一个章节，我们已经详细了解了关于海洋的知识。现在，我们就来聊聊真正的主角：

鲨鱼！

但是在此之前，我们还要先说一说**鱼**。

为什么？

因为**鲨鱼**是一种鱼啊！

等等，难道说我是鲨鱼？

鱼类知识速递

专注于研究鱼类的动物学分支被称为"鱼类学"，有时也被称为

鱼类科学。

嗯……真有趣啊。

鳃博士

鱼的复数形式是什么？

fish还是fishes？

在英语中，如果我们说很多条同类鱼，比如6条金枪鱼，那么复数形式应该是fish。但是如果我们说很多种不同的鱼类，那么复数形式应该是fishes！

鱼类有哪些特征？

① 鱼有脊椎。

② 鱼生活在水里。

③ 鱼用鳃呼吸。

好冷!

④ 鱼鳍可以帮助它们四处游动。

⑤ 鱼是冷血动物。

我想我需要一件毛衣!

但是有些鱼类比较特殊：

盲鳗

有些鱼没有脊椎。

弹涂鱼

有些鱼能在陆地上活动。

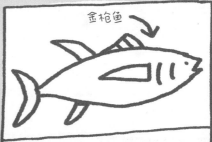

金枪鱼

有些鱼是温血动物。

实际上，"鱼"这个词只是用来对不同类型的水生动物进行简单分类，并不像"哺乳纲"那样，是一个科学的分类术语。

什么是鳃？

动物需要吸入氧气才能生存。人类用肺呼吸，肺将空气中的氧气转化为我们身体需要的能量，然后排出二氧化碳。鱼用鳃来呼吸，摄取水中的氧气。

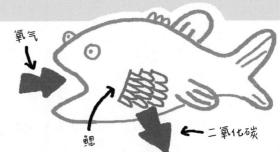

氧气

鳃

二氧化碳

我们已经讲了关于鱼的知识，现在将目光聚焦到主角：

鲨鱼！

终于到我了！

大部分鲨鱼有着长长的身体，尾巴末端的鳍让它们可以快速游动。

鲨鱼解剖小课堂

第一背鳍
防止它们翻滚时受伤！

第二背鳍

背鳍棘

眼睛

鼻子

头

尾鳍

食人花 ~~嘴~~

鳃

躯干

腹鳍

臀鳍

尾巴

胸鳍

大部分鲨鱼有8个鱼鳍，分别是2个背鳍、2个胸鳍、2个腹鳍、1个臀鳍，还有1个大大的尾鳍。鱼鳍帮助鲨鱼保持平衡，以便在水中追捕猎物的时候加速向目标方向移动。

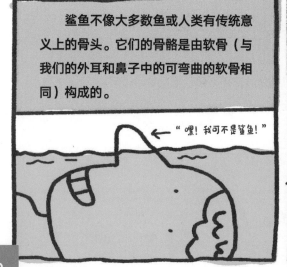

鲨鱼不像大多数鱼或人类有传统意义上的骨头。它们的骨骼是由软骨（与我们的外耳和鼻子中的可弯曲的软骨相同）构成的。

"嘿！我可不是鲨鱼！"

大部分鲨鱼是**食肉动物**，但有一些杂食性鲨鱼也会吃素。

例如，窄头双髻（jì）鲨以喜欢吃海草闻名。

鲨鱼可能像一根 **香蕉** 那么小，

嘀嘀嘀！

也可能比一辆 **公交车** 还大。

你知道吗？不是所有的鲨鱼都生活在海洋里。有些鲨鱼生活在淡水里，比如下面这个家伙：

新几内亚 河鲨

它们能长到
2.5米长。

非常稀少，目前全世界仅有约250条。

鲨鱼的超能力！

鲨鱼真的是太令人惊奇了。它们简直超级酷！下面，我们来看看鲨鱼有哪些超能力吧。

1.超级皮肤

鲨鱼的皮肤与其他鱼类的不同。如果只看鲨鱼的照片，你可能会觉得它们的皮肤像果冻一样柔软、有弹性……想和那条柔软的鲨鱼依偎在一起，对吧？千万不要，其实鲨鱼皮一点儿都不软，也没有弹性。它非常粗糙，就像砂纸一样。

实际上，鲨鱼的鳞片非常小，它们的皮肤是由数百万个叫作真皮小齿的有凹槽的小牙齿状突起组成的。

啊，好痛！

抱歉！

永远不要尝试拥抱鲨鱼！

鲨鱼的真皮小齿像屋顶上的瓦片一样排列在一起。如果你顺着真皮小齿的方向抚摸鲨鱼的皮肤，会感觉它们的皮肤有点儿光滑，但如果用手逆向摸一下，就会感觉非常粗糙。一些游泳者曾被鲨鱼皮划伤得很厉害。当然，划伤已经是很小的伤害了。

等等，难道说我要用牙线来清洁皮肤？

当鲨鱼游泳时，这些真皮小齿有助于减小阻力，帮助它们在水中快速前进。鲨鱼的真皮小齿还会像牙齿一样脱落和更换。

鲨鱼并非都有相同的真皮小齿。棘鲨的真皮小齿彼此间隔很远，而且更突出，就像玫瑰花茎上的刺一样。

棘鲨真皮小齿特写

棘鲨

罕见！

喜欢靠近海底的深水区。

行动缓慢。

体长可达3.1米。

丝鲨的真皮小齿非常细小，它们的皮肤摸起来像丝绸一样顺滑，大概它们的名字就是这么来的。

丝鲨真皮小齿特写

体长约2.4米。

丝鲨

喜欢热带水域。

为什么大家都爱抚摸我？

2. 超级嗅觉

鲨鱼大脑的三分之二用来处理周围水中气味的信息。水不断流经鲨鱼的口鼻部，当水中有血液时，鲨鱼就会展现出令人难以置信的嗅觉能力。请记住，它们的鳃是用来呼吸的，它们的鼻孔是用来闻气味的！

笑话时间！

为什么鲨鱼从不涂香水？

因为它们闻什么都香！

虚假"事实"！

你可能听说鲨鱼可以闻到1 600米外一滴血的气味，但事实并非如此。一些鲨鱼可以嗅到400米以外的血液，但它们未必能快速地定位味道来源。而且，鲨鱼即使闻到味道，也不见得会立刻"冲锋陷阵"找到味道的来源。不过总体来说，鲨鱼的嗅觉比人类的强数百倍。

也许这个事实会令你有点儿失望。

3. 超级眼睛

海洋中可能很暗，但鲨鱼已经适应了，它们拥有非常好的视力。像猫一样，它们的眼睛对光很敏感，这使它们具有夜视能力。在昏暗的环境中，鲨鱼的眼睛对光的敏感度是人眼的10倍！

额外的眼睑

鲨鱼还有一对半透明的额外的眼睑，叫作瞬膜，可以覆盖它们的眼睛，在保护眼睛的同时不影响视线。

睁开的眼睛

瞬膜覆盖时的眼睛

4. 超级第六感

鲨鱼有一种叫作电觉的第六感。它们皮肤上的小黑点就是被称为劳伦氏壶腹的电感受器的孔洞，可以感知水中的电场和磁场。所有活的动物在肌肉收缩时，都会发出非常微弱的电场。鲨鱼使用第六感来检测电场，找到其他感官会错过的猎物，就像发现埋在沙子里的金线一样。

鲨鱼睡觉吗?

很多人认为鲨鱼不睡觉，但事实并不是这样。有些鲨鱼一直在游动，所以它们喜欢一边游泳，一边睡觉。鲨鱼之所以一直在游动，主要是因为它们需要用鳃从周围流动的水里获取氧气。

5.超级牙齿

有的鲨鱼的牙齿可不止一排，比如下面这位：

我刷个牙可不容易了，要好久好久！

鲨鱼！

当前排的牙齿脱落后，它们会被后排的备用牙齿替换，因此鲨鱼的牙齿总是向前移动。一些鲨鱼一生中，会失去约

30 000 颗牙齿！

大多数鲨鱼的牙齿像刀子一样锋利，其中一些鲨鱼有锯片一样的牙齿。这些牙齿可以帮助它们切断猎物。

就像霸王龙一样！

如果一口咬不断食物，它们就会左右摇头，横向撕咬，最终把食物锯成块状，再大口吃掉。

一些以贝类和螃蟹为食的鲨鱼有厚而扁平的牙齿，用来压碎猎物的甲壳。

惊掉下巴的事实！

鲨鱼的下巴只是松松地附着在头骨上，这意味着它可以向前滑动。在大口咬食物的时候，鲨鱼可以尽可能大地张开嘴巴！

前方鲨鱼出没！

史前鲨鱼

在我生活的年代，我们要游100千米去学校，可以随便享用浮游生物，它们一点儿都不值钱！

唉……

鲨鱼在地球上已经存在了约4.5亿年，也就是说它们的出现比**恐龙**还要早大约2亿年。

下面我们来介绍一些很酷的史前鲨鱼（现在已经灭绝）。

异刺鲨

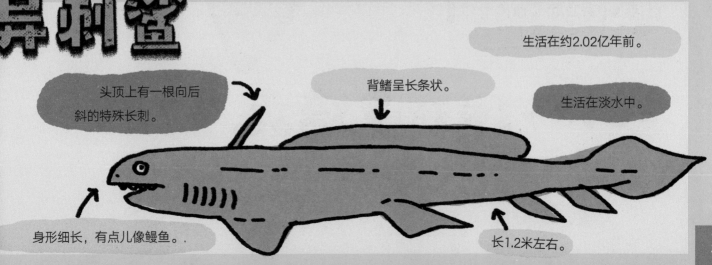

生活在约2.02亿年前。

头顶上有一根向后斜的特殊长刺。

背鳍呈长条状。

生活在淡水中。

身形细长，有点儿像鳗鱼。

长1.2米左右。

小心！强大的巨齿鲨

张大的嘴巴有3米宽！

牙齿可以长达18厘米。

看看，人类在巨齿鲨面前显得多么渺小！

巨齿鲨可能像大白鲨一样是温血动物，所以它们可以生活在寒冷的海水中。

巨齿鲨几乎是鲸鲨的2倍大。鲸鲨可是地球上现存的最大的鲨鱼！

史上最大的 鲨鱼

它们也是已知最大的鱼类!

#1

体长可达 **20** 米!

(比保龄球赛道还要长)

巨齿鲨,顾名思义就是

有巨大 **牙齿** 的鲨鱼!

巨齿鲨 的牙齿

大白鲨 的牙齿

长达18厘米

长不足8厘米

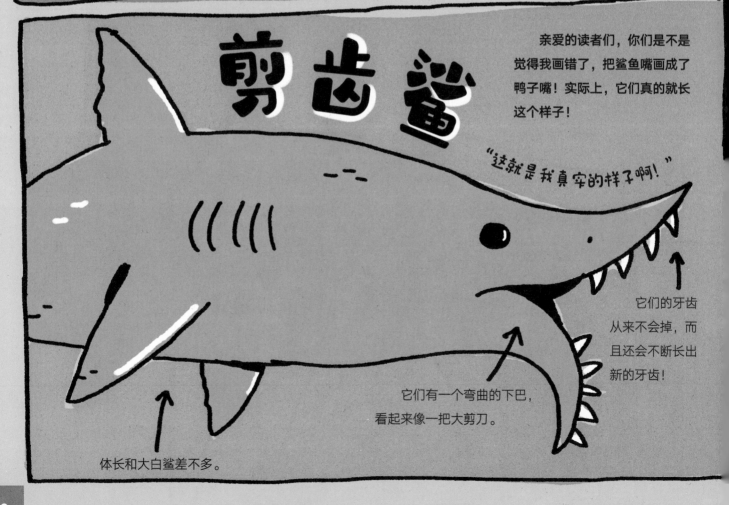

鲨鱼小分队

真鲨目

现存的鲨鱼划分为8目。

真鲨目的特征： 5对鳃裂，2个背鳍，1个臀鳍，有瞬膜

真鲨目是鲨类中最大的目，海洋里面超过270种鲨鱼都属于真鲨目。

有些体长只有60~90厘米，有些体长可达3米。

猫鲨科

猫鲨科

为真鲨目下的一个科，共有约150种鲨鱼。

喵！

平均体长约80厘米。

因为眼睛长得像猫眼而得名。

有些鲨鱼会产下坚硬的皮质卵鞘，这些卵鞘通常被称为"美人鱼的钱包"。

鲨鱼蛋

这可不是我的钱包！

双髻鲨科

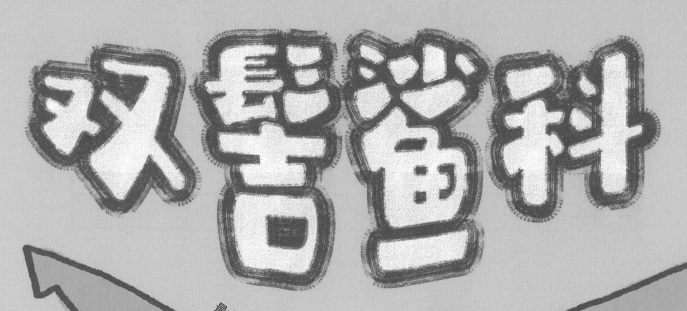

最大体长可达6.1米！

不像
大多数鱼一样
产卵，
而是卵胎生
或胎生。

目前双髻鲨有9种，其中3种濒临灭绝。

好吧，我只是膨胀了。

膨鲨

为了吓跑捕食者，膨鲨能够将水泵入体内，膨胀到原来体形的两倍大！当膨鲨在水面时，它们可以通过吸入空气使身体膨胀；当危险消失后，再通过打嗝的方法排出空气。

如果膨鲨在岩石之间膨胀，会增加捕食者将它拉出来的难度。

嗝！

双髻鲨因奇特的头部形状而得名。这样的头部形状可以帮助它们捕捉黄貂鱼，这种鱼是它们最喜欢的食物！它们用头把黄貂鱼从沙子里挖出来，然后把想要逃跑的黄貂鱼摁在海底。

必须把头移到一边，才能看到前面。

对黄貂鱼的毒液免疫。

眼睛长在头部的两端，可以快速"扫描"食物。

喜欢吃小鲨鱼、黄貂鱼、八爪鱼等。

头部有传感器，可以接收猎物的电信号。

虎纹猫鲨

虎纹猫鲨喜欢从洞里吸食软体动物。

啊！

因身体长着虎纹而得名。

鼬鲨

鼬鲨是世界上最危险的鲨鱼之一，因为它们什么都吃。

它们就像海洋里会游泳的"垃圾桶"！它们吃小鱼、海豚、海鸟、鱿鱼，甚至鳄鱼！众所周知，它们还会攻击鲸！

鲨鱼袭击人类罕见，但鼬鲨喜欢在浅而温暖的水中闲逛，因此这些家伙更有可能遇到人类。

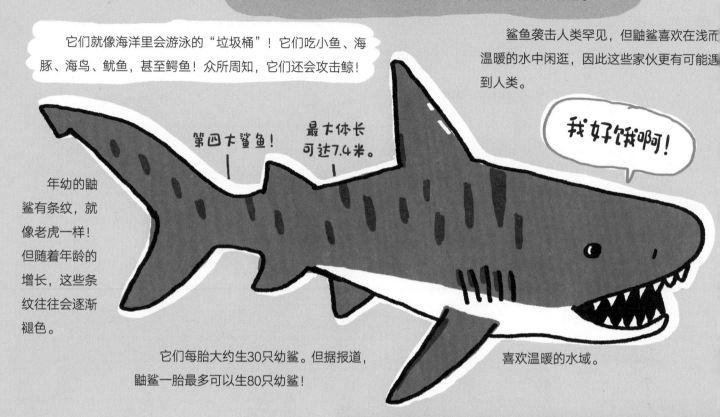

第四大鲨鱼！

最大体长可达7.4米。

我好饿啊！

年幼的鼬鲨有条纹，就像老虎一样！但随着年龄的增长，这些条纹往往会逐渐褪色。

它们每胎大约生30只幼鲨。但据报道，鼬鲨一胎最多可以生80只幼鲨！

喜欢温暖的水域。

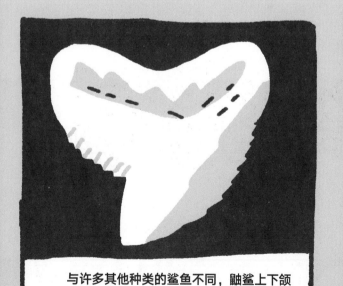

与许多其他种类的鲨鱼不同，鼬鲨上下颌的牙齿是一样的！两排牙齿均呈锯齿状，并有缺口。

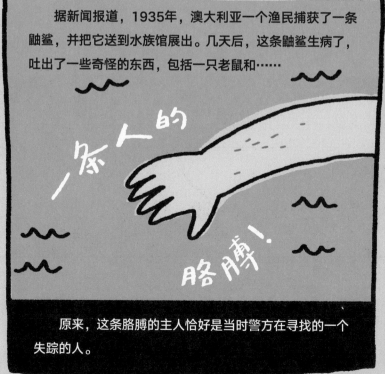

据新闻报道，1935年，澳大利亚一个渔民捕获了一条鼬鲨，并把它送到水族馆展出。几天后，这条鼬鲨生病了，吐出了一些奇怪的东西，包括一只老鼠和……

一条人的

胳膊！

原来，这条胳膊的主人恰好是当时警方在寻找的一个失踪的人。

蓝鲨

蓝鲨又名大青鲨，它们既是喜欢吃鱿鱼的"猎人"，也是会吃死鲸的"清道夫"。

体长可达3.8米。

它们一胎最多可生100只幼鲨!

它们的迁徙路线最长可达7 000千米，一天可游60千米!

蓝鲨不完全是蓝色的，它的腹部是白色的。

双头蓝鲨

在一张幼年双头蓝鲨的照片被发表后，许多关于巨型成年双头蓝鲨的报道开始出现。但事实证明，这些都是假消息!因为幼年双头蓝鲨不太可能存活很长时间，它们游泳有困难，很容易被掠食者捕获。

牛鲨

牛鲨喜欢在温暖的浅水区活动……这里恰好是人类经常游泳的地方!所以牛鲨有时会误把人类当作猎物来攻击。牛鲨可能是攻击人类最多的鲨鱼之一。一些科学家认为，由于牛鲨的颜色与其他种类鲨鱼的相似，所以人类对其攻击次数的统计不是很精确。

小心!危险!

由于强壮如牛，又相对好斗，故得名牛鲨。

双重"间谍"

大多数鲨鱼生活在海洋中，但牛鲨的尾巴附近有一个特殊的内脏，可以帮助它们储存盐分。因此，人们在距海洋数百千米的淡水河流中也发现了它们的踪迹。

虎鲨目

现存的鲨鱼划分为8目。

虎鲨目的特征：1个臀鳍，5对鳃裂，2个背鳍，有背鳍刺

这是一个非常小的鲨鱼目，由约8种鲨鱼组成，它们喜欢浅水热带水域。

体长约1.2米。

它们的背上长有尖刺，可以让捕食者望而却步。

狭纹虎鲨

喜欢用胸鳍在海底爬行。

体长约1米。

佛氏虎鲨

虎鲨目每次最多可以产下24枚卵。之后，雌性鲨鱼会将所有卵收集起来，并放置在岩石缝中以确保安全。

猪脸鲨身？！

螺旋形的卵

大多数鲨鱼卵都有一个半透明的外壳，所以你可以看到鲨鱼卵里面的样子。虎鲨目的卵是神奇的螺旋形的。雌性鲨鱼需要花费数小时才能产下一枚卵。

虎鲨目的鲨鱼都有两个大鼻孔，就像我一样！

六鳃鲨目

现存的鲨鱼划分为8目。

六鳃鲨目的特征：1个臀鳍，6~7对鳃裂，1个背鳍

它们是所有鲨鱼种类中最原始的，因为现存的六鳃鲨目鲨鱼和它们1.5亿年前的老祖宗相差无几。

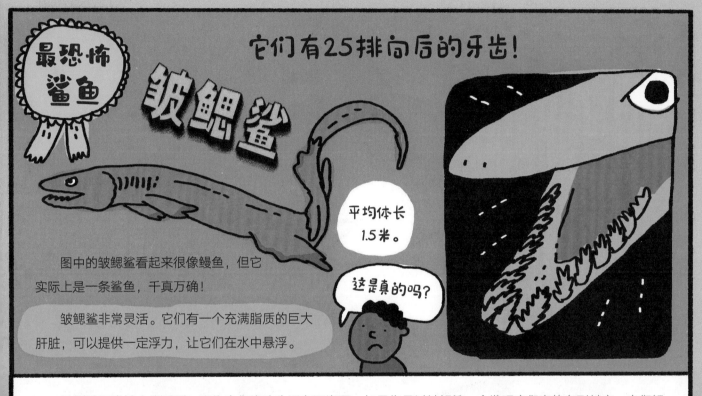

最恐怖鲨鱼

皱鳃鲨

它们有25排向后的牙齿！

图中的皱鳃鲨看起来很像鳗鱼，但它实际上是一条鲨鱼，千真万确！

皱鳃鲨非常灵活。它们有一个充满脂质的巨大肝脏，可以提供一定浮力，让它们在水中悬浮。

平均体长1.5米。

这是真的吗？

皱鳃鲨不常被人类看到，因为它们喜欢生活在深海区。如果你见过皱鳃鲨，会发现它们真的名副其实。它们鳃间的褶皱又多又长，且相互覆盖，边缘呈红色！

奇闻逸事

轰！

1958年到1971年，有一个绝密项目：美国海军试图将鲨鱼变成

鱼雷！

什么？

他们初步的设想是在鲨鱼身上绑上炸药。鲨鱼头部的装置会发出电击以防止鲨鱼偏离航线，并引导鲨鱼到达目标。

鼠鲨目

现存的鲨鱼划分为8目。

鼠鲨目的特征：1个臀鳍，5对鳃裂，2个背鳍，无鳍刺，嘴在眼后，无瞬膜

大约1.2亿年前，早期的鼠鲨目鲨鱼就出现了。我们熟悉的大白鲨和鲭（qīng）鲨就属于鼠鲨目！

大多数鲭鲨都是温体鱼类！这一点很重要，因为这使它们能够游得非常快，跳得非常高，而且比其他鲨鱼潜得更深。

鲭鲨

大白鲨的近亲。

能以约50千米每小时的速度游泳！

像匕首一样的长尖牙！

可以跃出水面约6米！

老人与海

灰鲭鲨曾在经典文学作品中出现过！海明威的《老人与海》中那条大鱼就是灰鲭鲨。

姥鲨

因生性温和，又喜欢漂浮在海面"晒太阳"而得名。

1小时可过滤几千升水！

体长可达12米，相当于一辆公交车的长度！

它们有时会跳出水面，科学家还不能完全确定原因。

它们真的很臭！皮肤上覆盖着一层黏液，保护它们免受寄生虫的侵害。

长尾鲨

你很快就会注意到为什么长尾鲨如此独特。它们的尾部通常和身体的其余部分一样长！算上令人难以置信的长尾巴，这些鲨鱼可以长达6米。

地精鲨 （也叫欧氏尖吻鲛）

这一定是这个星球上最奇怪的动物之一！

长而扁平的鼻子。

它们在捕食时，可以迅速伸出下巴！它们的下巴附着在弹性韧带上，可以移动的范围很大。这种非同寻常的咬合方式被称为"弹弓喂食"。

用来抓取猎物的尖锐牙齿。

它们喜欢在250~1 300米深的水下游泳。

体长可达4米。

地精鲨生活在大西洋、印度洋和太平洋。它们曾经在日本附近被捕获过，当地的渔民认为它们看起来像日本神话中的天狗，有着长而尖的鼻子，所以称它们为"天狗鲨鱼"，后来被翻译成"地精鲨"。

最致命
鲨鱼！

小心！

大白鲨

危险！

因腹部通常呈白色，所以得名"大白鲨"。

游泳时，速度可以达到40千米每小时！

不过它们对人类来说，没有想象中那么致命！

肌肉运动可以让它们热起来，在冷水中保持温暖。

有时也吃鲸！

有300颗超级锋利的牙齿！

体长可达7米，重约2吨！

有些大白鲨每年"旅行"距离超过3 700千米。曾有一只大白鲨从南非出发，一直游到澳大利亚。

这是一个意外！

"我真的不是坏人！"

尽管大白鲨确实攻击过人类，但它们对于人类来说，致死性很小。鲨鱼对吃人类不感兴趣，咬一口通常只是因为好奇。对于鲨鱼来说，在海洋中游泳的人类看起来像一只美味的海豹或奇怪的物体，鲨鱼不像人类一样有双手，可能会用嘴巴轻咬来检查不熟悉的物体，但这会对人类造成伤害。潜水员在误触大白鲨时可能也会被咬伤，但大白鲨只是在自卫。

2018年，有5人死于鲨鱼袭击。

对人类来说，比鲨鱼更危险的有：

自动售货机

平均每年造成
13人死亡

被热狗呛到

平均每年造成
77人死亡

从树上掉下来
的椰子

平均每年造成
150人死亡

自拍

据统计，2015年约有12人
在自拍时发生意外而死亡

大白鲨可以翻白眼！

哼！

大白鲨不像一些鲨鱼那样有瞬膜，但它们有另一种保护眼睛的方法。当感觉到危险时，大白鲨可以将眼球向内翻转，看起来就像是在翻白眼。

鲨鱼也度假！

等等我，马上到！

每年4~7月，大白鲨会在夏威夷和墨西哥之间的海域相聚。最近科学家注意到一些雄性大白鲨会在这里集体下潜，捕捉生活在海洋深处的动物。这就是为什么这片海域通常被称为"白鲨咖啡馆"。

须鲨目

须鲨目的特征: 1个臀鳍,5对鳃裂,2个背鳍,无鳍刺,嘴在眼睛前面,皮肤上有图案

这是一个非常多样化的鲨鱼群体。它们生活在印度洋、大西洋和太平洋。其中一些有触须,就像鲶鱼一样!

有些须鲨目鲨鱼**可以用它们的鱼鳍**在海底"行走"。

护士鲨

(又名铰口鲨)

没有人能真正确定它们的名字是如何来的。可能是因为它们性情温顺,头部形状又酷似一顶护士帽!

它们能像吸尘器一样把食物吸进去!

体长可达3米。

护士鲨动作不是很敏捷,几乎没有攻击性。它们白天在海底睡觉,晚上慢慢游来游去寻找食物。

叶须鲨

它们不需要主动捕猎，只需要静静趴伏着等待猎物接近，然后迅速地张口咬住猎物。

那些像树枝一样伸出来的东西，其实是触须！叶须鲨的视力很差，它们用触须来寻找猎物。

"叶须鲨"的意思是"毛茸茸的胡子"。

叶须鲨对人类没有威胁，除非人类不小心踩到它们！

我只能长一对小胡子。

体长可达1.25米。

你知道吗？

你听到的贝壳里面的声音，其实有部分**是你的血液流动的声音。**

呀！

地球上最大的鲨鱼

（也是现存 最大的鱼类 ）！

鲸鲨

它们虽然有300多排小牙齿，但通常会直接吞下整个食物。

鲸鲨是滤食性动物，它们张大嘴巴，让海水进入嘴巴，然后用鳃过滤出浮游生物和小鱼。

体长约12米。

参照物：小朋友的身高

呀！

独一无二!

每条鲸鲨身上的斑点图案和人类的指纹一样,都是独一无二的。

科学家并不能完全确定它们能活多久。有人猜测大约是60年,还有人估计它们的寿命可能长达150年。

我和鲸真的不是亲戚!

鲸鲨一胎最多可以生300只幼鲨!

它们通常在靠近水面的区域活动,但众所周知,它们的潜水深度可达1 500米!

鲸鲨甚至有属于自己的节日!8月30日是世界鲸鲨日。

嘻嘻,你给我带了什么礼物?

锯鲨目

现存的鲨鱼划分为8目。

锯鲨目的特征：吻长，嘴巴在头下，没有臀鳍

虽然锯鲨看起来很凶，但它们十分温柔，对人类无害。

它们有一对皮须，可以帮助它们在海底寻找食物。

锯状的吻长而扁平，侧缘有大小不等的锯齿！

开心一笑！

这是什么三明治？

花生酱鱿鱼三明治。

谁是海洋中最厉害的扑克玩家？

Card Shark（老千，打牌高手）！

锯鲨很容易被捕获，目前处于濒危状态。

它们吃其他鲨鱼，甚至吃鳄鱼！

它们用奇特的长吻来击晕猎物！

体长约1.5米。

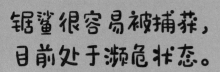

奇闻逸事 复活节岛之谜

你可能听说过复活节岛上的巨人石像，但在这个岛屿附近的水域中，还有另一个谜团。这片水域中有一座摩艾雕像的现代复制品，没有人知道它从何而来。有些人认为当地人制作了这座雕像，想将那里作为一个旅游景点；也有些人认为这座雕像是1994年上映的一部电影中的道具。

角鲨目

角鲨目的特征：短鼻子，眼侧位或上侧位，无臀鳍

角鲨目种类繁多，大小不一！世界上已知最小的鲨鱼——侏儒额斑乌鲨就属于角鲨目，它们只能长到大约18厘米。而同为角鲨目的格陵兰鲨体长可以达到6.4米。角鲨目通常有着狭长的身体和短鼻子。

格陵兰鲨

第一次有影像记录格陵兰鲨是在1995年，18年后才有人再次拍到它的踪迹。

啊呵，好恶心！

一种寄生桡足动物

一些格陵兰鲨之所以会失明，主要是因为有种寄生虫喜欢住在它们的眼睛里，吃它们的眼角膜！

格陵兰鲨可以活到

400岁

甚至更久!

终于到啦!

这意味着今天的一些格陵兰鲨可能是在"五月花号"登陆普利茅斯岩（1620年）之前出生的!

它们是世界上较大的鲨鱼之一，体长4~6米，重约1吨。

有两架三角钢琴那么重!

格陵兰鲨食性很杂，几乎遇到什么就吃什么。它们会吃驯鹿，甚至北极熊等动物的尸体!

注意! 新鲜的格陵兰鲨的肉有毒，人类如果吃了它就会生病。

格陵兰鲨的游泳速度真的非常非常慢。

它们的速度通常不到1.6千米每小时……但它们仍然比海蛞蝓游得快!

（海蛞蝓每小时只能游约300米。）

呀，它怎么游得这么快!

饼切鲨 （又名雪茄达摩鲨）

超级奇怪的鲨鱼名!

体长可达56厘米。

生活在水下0~3 500米处。

它们会将脱落的牙齿吞下!

饼切鲨 会发光!

它们这样做可以引诱猎物靠近。它们甚至可以在死后保持发光长达3小时!

为什么叫这个奇怪的名字？因为在猎物游走之前，饼切鲨会用锋利的牙齿快速咬住猎物。

它们的嘴唇像吸盘一样先粘住猎物，然后它们旋转身体撕下肉块! 它们喜欢咬比自己大很多的动物，比如海豚、金枪鱼，甚至鲸!

饼切鲨甚至给潜艇制造了麻烦! 有一次，一条饼切鲨咬掉了潜艇声呐装置上的橡胶……导致船员们无法判断航向!

最小鲨鱼奖!

侏儒额斑乌鲨

这种鲨鱼很小，有的只能长到大约18厘米。

侏儒额斑乌鲨是我们已知的最小的鲨鱼。

大约是一支铅笔的长度!

扁鲨目

现存的鲨鱼划分为8目。

扁鲨目的特征：嘴在前面，没有臀鳍，身体扁平

它们有扁平的身体，嘴像鮟鱇一样在前面，有简单的触须。眼睛细小，位于头顶，气孔也长在头顶。它们长约1.5米。

太平洋**扁鲨**

嘿！我可不是鮟鱇，我是鲨鱼！

长长的针状牙齿！

气孔

人们常把它们误认为是鮟鱇。

太平洋扁鲨通常生活在"海带森林"和岩礁附近，喜欢潜伏在海底的泥沙中。

鲨鱼界的捉迷藏冠军！

它们是伏击捕食者，这意味着它们喜欢隐藏，等猎物游过时，再出其不意地将其抓住。它们有特殊的肌肉，可以将水泵过鳃，因此不需要像其他鲨鱼一样通过持续游泳来获取氧气。

奇闻逸事！

在鲨鱼胃里发现的一些奇怪东西

斗牛犬的头

全套的盔甲

豪猪

猫

钱袋

炮弹

轮胎

猪

马头

钉子

瓶子

鸡舍

第 三 章

神秘的海洋栖息地

刚才，我们讨论了海洋中最棒的动物——鲨鱼。
现在，让我们聊聊那些最神奇的地点，
它们被称为水生动物的"家"。

珊瑚礁

珊瑚礁中有着多种多样的生命，常被称为"海洋中的热带雨林"。珊瑚礁面积仅占海底面积的1%，但是据估计，大约有25%的海洋生物在珊瑚礁中安家。

为什么珊瑚礁中生活着数以千计的物种？

小鱼可以在这里找到食物和藏身之处，而这些小鱼又是大鱼（比如鲨鱼）的美味点心！

刺鲀

鹿角珊瑚

神仙鱼

柳珊瑚

海星

小丑鱼

海蛇

海蛇通常没有攻击性。可是，它们拥有号称这个星球上毒性最强的毒液！

珊瑚石礁的三种类型

珊瑚石礁 岛
岛屿逐渐下沉。
岛屿沉至水下

岸礁　　　　　　堡礁　　　　　　环礁

堡礁保护着浅水区不被外海的严酷环境所影响，使那里成为海洋生物生活的乐园。堡礁还能像过滤器一样将海水变得更干净。

有些珊瑚礁已经超过5 000万岁啦！

世界上最大的珊瑚礁群

澳大利亚

大堡礁

它长达2 400千米，是地球上最大的自然生态系统之一！

珊瑚在地球上已经存在
4亿多年了！

珊瑚生长缓慢，一年只能长几厘米。

巨型桶状海绵

加勒比海的这些巨大的海绵近2米高，寿命可达数百岁！

珊瑚礁是由珊瑚虫的骨骼堆积而成的。珊瑚虫是一种腔肠动物，与水母是近亲。

但是，和水母不同的是，珊瑚虫不喜欢四处漂浮，而是喜欢待在一个地方。珊瑚虫一般以群体的形式生长在一起。珊瑚礁是由许多紧密聚集在一起的珊瑚组成的。

沙滩是由鱼儿的便便构成的?

鹦嘴鱼的嘴巴非常厉害,能够咬碎石块!它咬下大块的石灰岩和珊瑚虫,再把它们碾碎成非常小的颗粒。鹦嘴鱼消化不了的东西,就会排泄出来变成沙子。

美味!

什么?

也就是说,你照片里面那片美丽的白色沙滩可能真的是鹦嘴鱼的便便!

据不完全统计,一只鹦嘴鱼一年可以产生重达450千克的沙子,相当于一架大钢琴的重量!

"鼻涕"铠甲

小丑鱼身上的黏液保护层可以使它们免受海葵的毒液伤害。这样,它们就可以藏在海葵的触手里,躲避捕食者。

作为回报,小丑鱼会捡拾海葵吃剩的食物,帮助海葵增加捕食机会,还会帮助海葵清洁身体。

海藻森林

你知道那些大型的海藻叫什么吗？海草！对了，海草并不是草，而是一种藻类生物。海藻必须生长在水中。当海藻生长得非常茂密时，就形成了一片"森林"。

巨大的海藻森林分布于美国的阿拉斯加海岸和加利福尼亚海岸。

一些海藻可以生长在40米深的水下，只要那里能被阳光照射到。它们可以长到50米高，相当于巴黎凯旋门的高度！

哇！

抓住了！海藻可以通过爪状的底部附着在海岸的岩石上。海藻的附着器看起来像植物的根，但无法像真正的根一样为海藻提供营养。

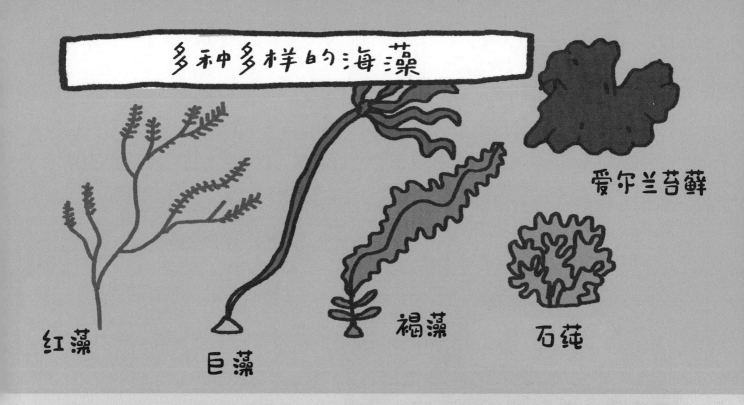

多种多样的海藻

红藻　巨藻　褐藻　石莼　爱尔兰苔藓

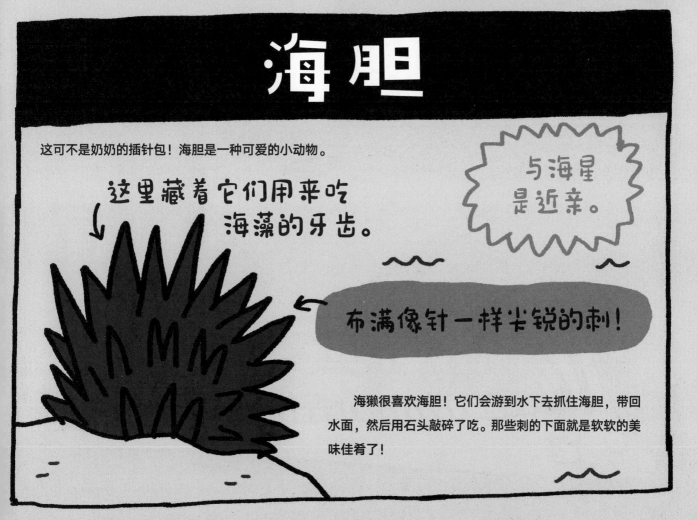

海胆

这可不是奶奶的插针包！海胆是一种可爱的小动物。

这里藏着它们用来吃海藻的牙齿。

与海星是近亲。

布满像针一样尖锐的刺！

海獭很喜欢海胆！它们会游到水下去抓住海胆，带回水面，然后用石头敲碎了吃。那些刺的下面就是软软的美味佳肴了！

深海

在海洋的透光带以下的深处，生命依然存在。一些最奇怪、最令人惊叹的生物就住在这里。

暮色带 （深度200~1 000米）

灯笼鱼

灯笼鱼大部分时间都生活在暮色带。但是每个夜晚，一些灯笼鱼会向上游，到光线更充足的地方寻觅藻类和浮游生物。白天，它们又游回暮色带。来回的距离甚至超过帝国大厦的高度。（记住，这些小鱼只有15~30厘米长！）这段旅行单程就要花费3小时。这样的旅行每一天都在世界各地发生。因此，有些科学家称之为"地球上最大的迁徙"。

斧头鱼

← 大眼睛！

约15厘米长。→

← 扁扁的身体。

瞧瞧这个！

皇带鱼

与其他的鱼不同，皇带鱼没有鱼鳞。

这是海洋中最长的硬骨鱼，最长可达11米！但别担心，它们没什么杀伤力。

闪闪发光的生物

为了吸引猎物，生活在暮色带的许多生物都进化出了一种奇特的本领。它们有一种叫作"发光器"的器官，能够产光。这就是

生物发光！

我的老师夸我很闪亮！

它们可以控制自己的身体发出蓝色光芒。

萤火鱿

长长的触腕上覆盖着吸盘。

只有约7.6厘米长。

有一条长长的背鳍，末端有发光器，可以作为捕食的诱饵。

毒蛇鱼

看起来透明的皮肤。

它们的胃可以撑开到正常大小的2倍！

长长的尖牙像针一样，用来钉住猎物。

半深海带

盲眼龙虾

完全看不见。

好吧，也许它们并没有看上去那么可怕。盲眼龙虾体长（不包括爪子）不足4厘米。

鮟鱇

大多不足30厘米长，但是有些长达100厘米。

这个东西叫作"钓饵"，它通过生活在里面的发光细菌产生光亮。

吸血鬼乌贼

可以长到30厘米长。

每周仅需进食几次。

它们全身呈深红色。触腕联结起来就像吸血鬼穿着的斗篷一样，因此得名吸血鬼乌贼。

在受到惊吓或威胁时，它们会喷射出一种黏液，而不是像大多数乌贼那样喷射墨汁。有时候，它们能喷射黏液长达10分钟，以帮助它们脱离危险。

可以长到1米左右长。

鹈鹕鳗

嘴巴巨大，可以一口吞下猎物。

小飞象章鱼

因为看起来像某部动画片里面的一头大象而得名！

它们会用那对大象耳朵一般的、大大的鳍在水里游泳。

多数约20厘米长，但是据说曾发现过一只超过152厘米长的！

大王具足虫

有的可以长到76厘米。和你的手比起来，它有这么大！

通常可以长到30厘米长。

深海大战!

在这令人毛骨悚然的黑暗之地,许多动物都非常小。但是,这里也有一些巨型生物。

抹香鲸

它们喜欢住在距离水面较近的地方,但也可以下潜1 000多米捕食大王乌贼。

它们能产生一种蜡状物质,叫"鲸脑油"。18世纪,在煤油灯还没有被发明出来的时候,鲸脑油常被用作蜡烛的燃料。

它们可以憋气90分钟。

它们喜欢吃各种各样的乌贼。有的抹香鲸一天能吃多达800只乌贼。

体重可达60吨,大约是霸王龙体重的9倍!

它们能发出响亮的"嗒嗒"声,与其他抹香鲸进行交流。

别跑!我要吃了你!

大王乌贼

有一个甜甜圈形状的大脑！

一些科学家认为，海洋中可能生活着数百万只大王乌贼。

直径28厘米的大眼睛，有一个餐盘那么大！

有3颗心脏。

有的大王乌贼长达20米，这意味着它们与腕龙一样高！或者说，它们比两只长颈鹿摞一起还要高！

失去的触腕，还能重新长回来。

你可能会想，这么大个子的家伙，在深海中生存应该不难。但是，它们可能会被个头儿更大的抹香鲸吃掉。不过，它们会通过战斗捍卫自己的生命！大王乌贼的触腕上有坚硬又锋利的球突，还有长着尖齿的吸盘。

极地海域

哆哆嗦嗦！

在冬季的几个月里，北极和南极几乎没有阳光光顾。在南极，气温甚至可以低到-90℃，海洋表面密布着巨大的冰层。等到夏天太阳回来的时候，大量的冰开始融化，导致浮游生物暴发性繁殖。以浮游生物为食的其他海洋生物将会被吸引而来。

虎鲸

也叫逆戟鲸。

美味！

它们捕食鱼、企鹅、北极熊等，甚至可以一口气吃掉一只海豹。

体重可达9吨！

背鳍后面的灰色区域，看起来像个马鞍。

它们是鲸类中体形较小的一种。

体长可达9.7米。

已知的唯一一头杀死人类的虎鲸是被圈养的，至今没有野生虎鲸伤人的记录。

白鲸

与其他鲸类不同的是，白鲸可以转动它的头部。

白鲸喜欢唱歌，因为叫声十分动听，所以被称为"海洋中的金丝雀"。

它们的名字在俄语中的意思是"白色"。

啦啦啦！啦啦啦！

约4.2米长。

2009年，一名潜水员潜水时由于腿抽筋而动弹不得。一头白鲸把她推出水面，救了她。

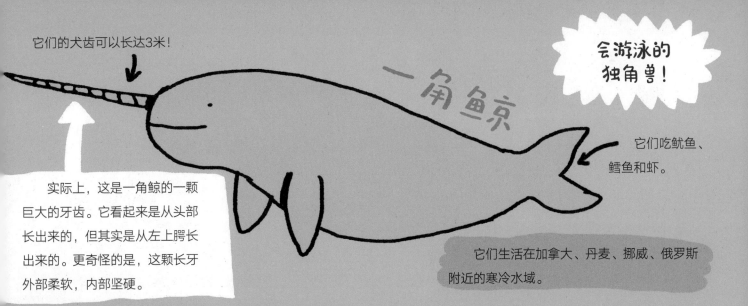

它们的犬齿可以长达3米！

会游泳的
独角兽！

一角鲸

实际上，这是一角鲸的一颗巨大的牙齿。它看起来是从头部长出来的，但其实是从左上腭长出来的。更奇怪的是，这颗长牙外部柔软，内部坚硬。

它们吃鱿鱼、鳕鱼和虾。

它们生活在加拿大、丹麦、挪威、俄罗斯附近的寒冷水域。

大约只有10%

的冰山

漂浮在水面上，可以被看见！

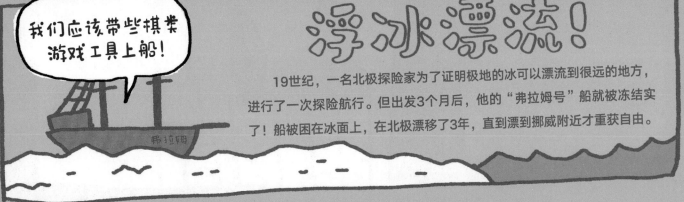

我们应该带些棋类游戏工具上船！

浮冰漂流！

19世纪，一名北极探险家为了证明极地的冰可以漂流到很远的地方，进行了一次探险航行。但出发3个月后，他的"弗拉姆号"船就被冻结实了！船被困在冰面上，在北极漂移了3年，直到漂到挪威附近才重获自由。

海底 热泉

"黑烟囱"

它们看起来像水下工厂的烟囱，但实际上是海底热泉。当海水通过板块边界的破碎带时，海底热泉就会产生。海水被熔融的岩石加热，然后以高达350℃的温度喷涌而出，喷出来的热水就如滚滚黑烟。

听起来，这儿的生存条件很糟糕。然而，这里是一些奇怪生物的"家"。

庞贝蠕虫

在"烟囱管壁"上筑起管子，并蛰居在管子里。

（6~7厘米长）

巨型管虫

能够长到1~2米长。

它们并不是蠕虫，而是软体动物（就像蜗牛和蛞蝓）。

有的海底热泉喷口高达50米，大约和比萨斜塔一样高！

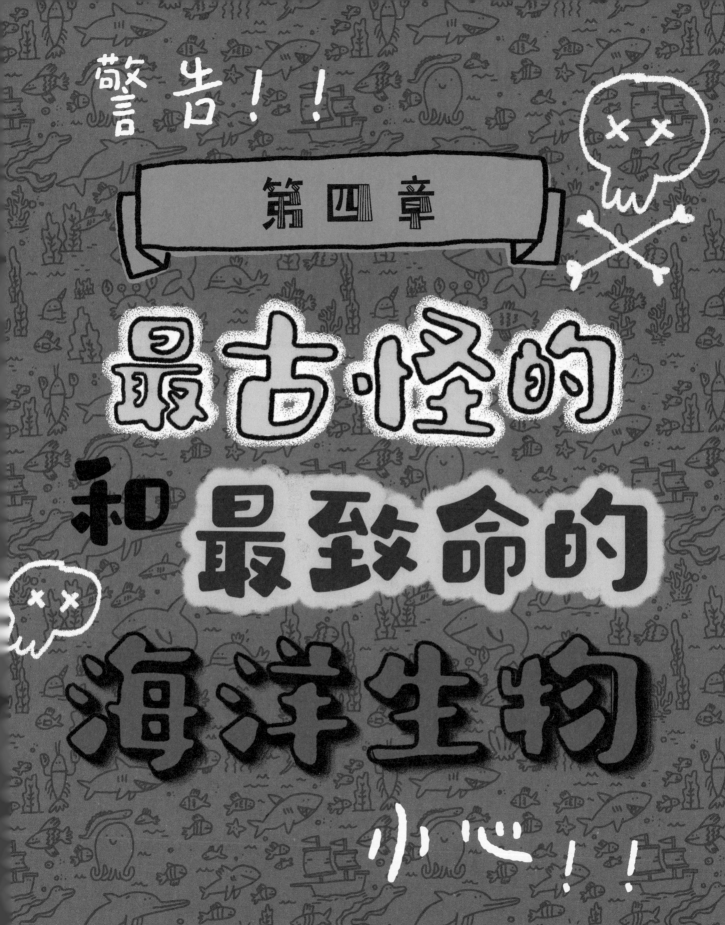

狮子鱼

全身都是带剧毒的刺。

约38厘米长。

虽然被狮子鱼刺一下会很痛，但是这对人类来说并不致命。

世界上最毒的鱼

石鱼

它们的毒液能让你瘫痪，甚至一命呜呼！

它们可以伪装成岩石，隐藏在海底。

杀手蜗牛！

锥形蜗牛（又称芋螺、鸡心螺）

这种蜗牛口鼻处的毒液足以让人致命。但是，它们通常只用毒液杀死小鱼。

大多生活在热带珊瑚礁中。

豹蟾鱼

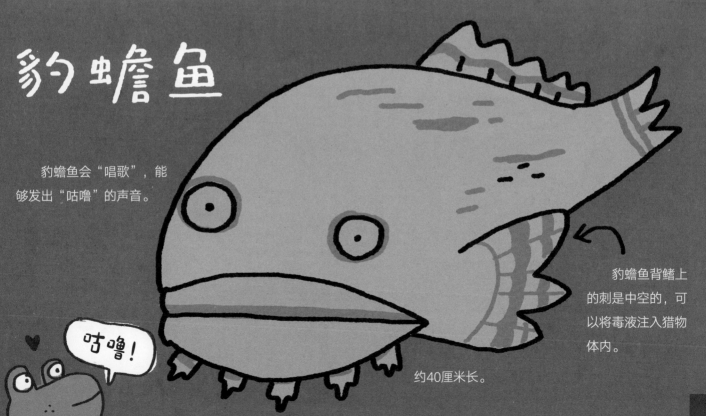

豹蟾鱼会"唱歌"，能够发出"咕噜"的声音。

咕噜！

豹蟾鱼背鳍上的刺是中空的，可以将毒液注入猎物体内。

约40厘米长。

印度尼西亚颌针鱼

体长约1米。

长长的嘴巴中布满尖齿!

这些长得像匕首一样的鱼会被夜晚渔船的灯光吸引，跳出水面，而被渔民捕到。

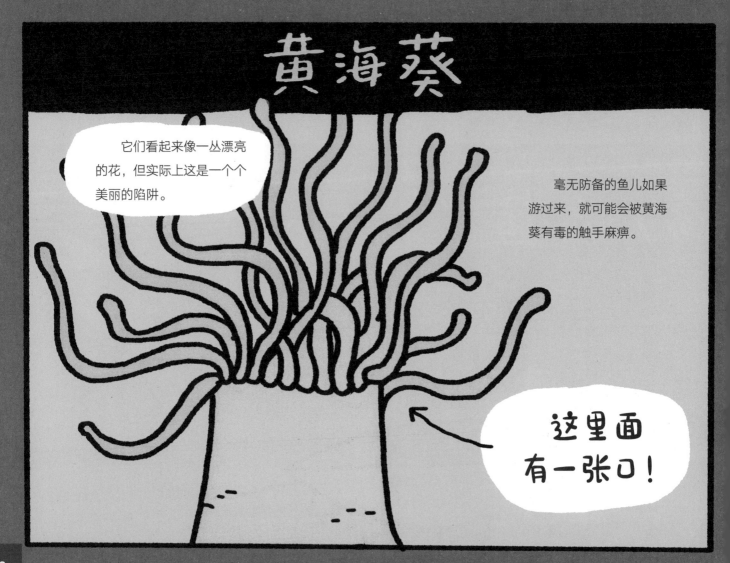

河豚

它们如果感觉受到了威胁，便会吸入大量的水或空气，让身体膨胀到正常大小的2倍。

含有一种比氰化物的毒性更强的毒素！

什么东西？吓我一跳！

就算知道河豚有毒，一些人还是想食用它们。虽有经过培训的厨师专门负责烹饪河豚，但如果操作不当，食客还是可能会中毒。

什么？！

章鱼

章鱼已经存在至少2.96亿年啦。

一些章鱼的伪装技能令人惊叹，它们甚至能改变整个身体的颜色，以便与周围环境融为一体。

有些章鱼在遇到危险时，能够喷射出一团"黑云"，以迷惑捕食者，帮助自己脱离危险。

octopuses, octopi, 还是octopodes?

章鱼的英文octopus的复数形式应该怎么拼写呢？这个争议已经存在很久了。这个词源于希腊文，因此它的复数形式可以是octopodes或者octopi。但是，根据《韦氏词典》和《牛津英语词典》，现代英语中更为正确的版本是octopuses。然而，词典中也提到了，octopi也是一种可以被接受的表达方式。

章鱼有3颗心脏。

章鱼有蓝色的血液。

它们的手臂真的很酷！每条手臂都有自己的"大脑"，可以各自行动。

章鱼有8条"手臂"。

每条手臂上都有强大的吸盘，用来捉住猎物，送入嘴中。

它们是鱼，与蛇没什么关系。

裸胸鳝

眼睛大，但是视力不好。

体长超过1.2米！

它们不断地把嘴巴张开又合上，
并不是为了把你吓跑，而是在呼吸。

斑点裸胸鳝的身上覆盖着一层保护性黏液。
这黏液非常滑，而且可能有毒。

它们大多是夜行动物，
喜欢在夜间捕猎。

有的裸胸鳝重达30千克。

它们有两副颌！其中一副藏在另一副的
里面，在攻击猎物时会瞬间弹出。

魟鱼

魟鱼属于软骨鱼，胸鳍展开像翅膀一样美丽。

与鲨鱼有亲缘关系！

体长可以达到2米。

它们有强壮的颌，可以轻松地压碎蛤蜊壳。

细长如鞭的尾巴上覆盖着有毒的黏液！

牙痛？快来试试魟鱼牌毒液！在古希腊，有的牙医用魟鱼的毒液帮助患者缓解牙痛。

呃……不用了，谢谢。

太不可思议了！

而有些鳐鱼，比如电鳐，会储存能量来击晕猎物。

水母

身体的主要成分是水。

比恐龙出现的时间还要早几亿年。

不要叫它们鱼！科学家现在称一些水母为"海蜇"，以免有人误以为它们是鱼的一种！

水母总是成群结队地出现。

有些水母有长达4.5米的触手。

20世纪90年代，美国国家航空航天局就已经把水母送入太空，研究失重对它们的影响。

它们只有一个开口，进食和排泄都要通过这个开口。

据统计，每年至少有100人死于被水母刺蜇。也就是说，每年水母导致的死亡人数比鲨鱼所导致的还要多。

小心，水母入侵了！

在日本，人们为了对抗大规模的水母入侵，把水母收集起来，制作成了像糖果一样好吃的美食。

看清楚了！我不是一只水母！

它们的蜇刺非常厉害，给人造成的痛击堪比闪电，足以令人瘫痪。

僧帽水母，也叫葡萄牙战舰水母。

世界各地温暖的海域中都有它们的身影。它们成群结队地在海面旅行，最多的时候有1 000多只！

好吧，它可能看起来很像一只水母（也常常被混淆）。实际上，它根本不是一只"动物"，而是由数千个微小生物聚集在一起形成的漂浮着的

生物君羊。

这些微小生物无法独立生存，所以共同生活在一起。

触手又细又长，最长可达50米。

哎哟！

即使是一条被截断了好几天的触手，仍然能够蜇伤你。

蓝鲸

它们是
地球史上已知最大的哺乳动物！

有史以来
最大动物奖！

舌头就有一头大象那么重！

蓝鲸可以长到30多米长！

这比一条保龄球球道还要长！

它们游泳的速度为20千米每小时，冲刺时，游速可达50千米每小时！

它们的心真的很"大"！

蓝鲸的心脏有一辆小汽车那么大，重量可达500千克。

它们最多可以活到110岁！

它们的体重能超过180吨！

更多 关于鲸的知识！

水下的声音

你知道吗？声音在水中的传播速度是在空气中的4倍多！

因此，有些水生动物即使相隔非常遥远，也能够听到对方的声音。

呜呜，妈妈不会答应给我买手机的。

座头鲸

有的座头鲸能听到大约2万千米之外的同伴的声音！这个距离大约能绕地球赤道 $\frac{1}{2}$ 圈，或者说，比中国历代长城的总长度还要长；又或者说，是从美国洛杉矶到纽约直线距离的5倍多！

龙涎香之谜——抹香鲸的呕吐物？

龙涎香源自抹香鲸的肠内分泌物。有时，抹香鲸会呕吐出一种特殊的灰色蜡状物质。这种灰色蜡状物质刚被吐出来时，奇臭无比！然而，当它在海上漂浮一阵子或变得干燥时，便会散发出一种更甜、更好闻的香味，人们称它为"龙涎香"。过去，人们收集龙涎香并将它添加到一些香水中。但是，现在人们已经很少这样做了。

精美的牙齿

早在18世纪，水手们为了消磨漫长的航行时间，开始在鲸（如抹香鲸）的牙齿上雕刻。他们用小刀等锋利的工具在坚硬的鲸齿上刮出图案，这种图案很难被发现，只有用墨汁涂抹并擦去多余部分以后，才会显现出来。当时鲸的牙齿很容易获取，水手们经常在鲸齿上雕刻船只和航海物品。现在买卖鲸齿是违法的，但是你可以用石头合法地雕刻艺术品。

这是上上页的蓝鲸的尾巴！

蓝鲸有一个生活在陆地上的远房亲戚——河马！

它真是大得惊人！

真希望我也能长这么大。唉，这可太难了！

水滴鱼

有着湿软的皮肤！

它们生活在600~1 200米深的海底。在那里，它们的样子不像被捞出时那么怪异和湿软。

水滴鱼没有鱼鳔，像果冻一样的身体可以帮助它们保持浮力。

水滴鱼主要吃软体生物。它们因为没有骨头和牙齿，所以不会主动捕猎，只能等着毫无防备的猎物来到嘴前。

它们已经适应了深海中的生活，无法在浅水中生存了。

约30厘米长。

它们非常罕见，目前只在澳大利亚和新西兰的深海区域被发现过。

这似乎不是什么夸奖。

2013年，在丑陋动物保护协会举办的一个活动中，它们被评选为"世界最丑的动物"。

翻车鲀 (又名翻车鱼)

体重可以 →
超过900千克。

看，它好大呀！

平均长达
1.8米！

有时，它们将背鳍露出水面，人们会误以为它们是鲨鱼！

怪异的尾鳍被称为舵鳍。

手枪虾 (又名嘎巴虾)

蓝鲸的声音的确很大，但这并不奇怪，因为它们长得就很大。然而，在"最大声的海洋动物"奖项评选中，蓝鲸有一个竞争者，令人感到意外。

砰！

手枪虾是一种很小的、大多只有2.5~5厘米长的节肢动物。它长着一只大螯。它可以用这只大螯制造一个气泡。当气泡爆炸时，会发出"砰"的一声巨响，气泡爆炸温度高达4 500℃！手枪虾以此捕捉猎物。

淡水中的吓人怪

好吧，到目前为止，这本书中的大部分动物都生活在海洋中。但我可不想遗漏那些生活在淡水中的奇妙（又可怕）的水生动物。

水蜘蛛

生活在欧洲和亚洲北部。

这是已知的唯一一种长时间生活在水中的蜘蛛。

它们获取氧气的方法：来到水面上，用体毛捕捉小气泡，并将气泡带到水下。

被它们咬一口真的很疼，还会引起类似发烧的症状。

每只脚上有5个蹼爪。

玛塔玛塔龟 (又名枯叶龟)

这种水栖龟看起来就像飘落的枯树叶，它们的外表是躲避捕食者的绝佳伪装。

体重可达15千克。

生活在南美洲。

喜欢一动不动地等待猎物游过，能够吞下一整条鱼。

它们的名字念起来好有趣！

水虎鱼

生活在南美洲的湖泊和河流中，例如亚马孙河流域。

它们通常食肉，如果食物短缺，有时会同类相食！

体长可达50厘米。

超级尖锐的三角形牙齿！

成群的水虎鱼又被称为"水中狼族"。

可恶，被骗了！

没什么大不了的，兄弟！

西奥多·罗斯福有一次去南美洲旅行，看见一群水虎鱼吃掉了一整头牛！事实上，这是一个渔民故意策划的。他封锁了河中的一片区域，投放了许多水虎鱼，并饿了它们好几天！

最长可达50厘米！

帕亚拉鱼

（又名似鲭水狼牙鱼）

它们会捕食水虎鱼！

长长的、锋利的牙齿！

生活在南美洲的河流中。

巨森蚺

或许是全世界最大的蛇！

可以长到9米！

据说它们的英文名字在泰米尔语中有

"大象杀手" 之意。

抱一下吧！

不必了，谢谢！

它们虽然没有毒液，但能将猎物勒死。

它们捕食猪、鹿、鳄鱼、啮齿动物、小一些的蛇，甚至美洲豹！

第五章

保护鲨鱼

海洋需要你的帮助！

鲨鱼想吃这些。

鲨鱼不想吃这些。

如果持续关注，你就会发现，尽管鲨鱼是相当危险的，但那仅仅是对于其他鱼类以及鲨鱼爱吃的一些海洋生物而言。对于人类来说，鲨鱼并不算十分危险。鲨鱼确实攻击过人类，但那比较罕见，通常只有在鲨鱼被激怒或者将人类误认为是食物的时候才会发生。

抱歉！我还以为那个游泳的人是一只美味的海豹呢！

相较于被鲨鱼咬的概率，你被小伙伴咬一口的概率要大100倍！

啊！查理咬我！

查理

说起鲨鱼与人类的关系，实际上鲨鱼才是处于危险中的一方。长期以来，它们一直被过度捕捞，一些种类的鲨鱼已经被列为濒危物种，包括大白鲨、灰鲭鲨、姥鲨、鲸鲨等。当然，陷入困境的海洋生物并不只有鲨鱼。

海洋和海洋生物超级奇妙，但它们需要我们的帮助！

严峻的塑料问题！

海洋生物面临的最大威胁之一是海洋污染。令人伤心的是，海洋中有非常多的垃圾。一次性塑料制品（例如酸奶杯、洗发水瓶等）污染是海洋所面临的最严峻的问题之一，因为塑料不像纸张或木材那样容易降解。

海洋保护协会发现，超过60%的海鸟和100%的海龟体内有塑料。有些鱼类每年意外吃进去的塑料碎片有上万个。人类捕食鱼类，因此在人类体内也发现了塑料微粒。

哦，不！

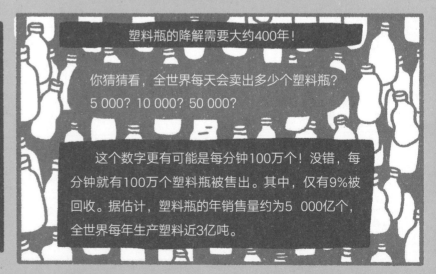

塑料瓶的降解需要大约400年！

你猜猜看，全世界每天会卖出多少个塑料瓶？5 000？10 000？50 000？

这个数字更有可能是每分钟100万个！没错，每分钟就有100万个塑料瓶被售出。其中，仅有9%被回收。据估计，塑料瓶的年销售量约为5 000亿个，全世界每年生产塑料近3亿吨。

但是我们可以改变这些现象！
你可以这样做！

①

你已经开始这样做啦！通过阅读书籍（比如你手中的这一本），学习有关海洋和海洋生物的知识，这就是一个很好的开始。

②
回收再利用。这有助于防止塑料被丢弃到海洋里。

③

尽量不玩气球！气球污染是一个很大的问题，海洋生物把气球误认为是食物而吞下时，会有窒息的危险。气球的绳子也可能会缠住一些小动物的脖子。

④

去购物的时候，带上可重复使用的环保袋。

⑤
做一名志愿者，把沙滩清理一下！如果你住在海滩附近，可以和父母一起参加沙滩清理活动。

⑥
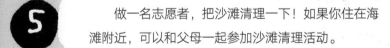

准备可重复使用的餐盒和水杯，不要每天使用塑料保鲜袋和一次性水杯。

⑦

尽量不用塑料吸管！据估算，人类每天使用的塑料吸管多达3.9亿根。

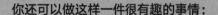你还可以做这样一件很有趣的事情：

嘿！

走出去 探索 我们的星球！！！

雅克-伊夫·库斯托是一位举世闻名的海洋探险家和环保主义者，他坚信——

人们会保护其所爱。

通过探索，你会发现这个星球的更多故事，然后你会爱上它！比如去海滩走走。如果你住得离海太远，那就去湖边或公园！

想知道保护海洋的其他方法吗？

查阅这些网站，它们都超棒的！

http://oceanconservancy.org
http://oceana.org
http://marinemegafauna.org
http://greenpeace.org
http://worldwildlife.org/initiatives/oceans

第六章

鲨鱼

图鉴

一些鲨鱼
和其他海洋生物的合辑

鲨鱼世界

姥鲨
9~12米

护士鲨（铰口鲨）
2~3米

窄头双髻鲨
1米

鯨鯊
12米

人类小孩
1.2米

鼠鯊
3～4米

葡萄牙角鲨
0.9米

叶须鲨
1.25米

角鲨
1米

皱鳃鲨
1.8米

小鲨鱼

最小的
鲨鱼

侏儒额斑乌鲨 18厘米

硬背侏儒鲨 22厘米

鲨鱼世界

大白鲨
7米

巨口鲨
4.5米

饼切鲨（雪茄达摩鲨）
56厘米

鲨鱼世界

无沟双髻鲨
4.5～6米

锯鲨
0.9～1.5米

欧氏尖吻鲛
3.6米

锥齿鲨
1.8米

太平洋扁鲨
1.2~1.8米

灰鲭鲨
2.4米

豹鲨
1.8米

抹香鲸
14～18米

座头鲸
13～16米

白鲸
3～5米

还有这些
大型海洋生物！

海象
3.6米

皇带鱼
8米

棱皮龟
2.1米

鬼蝠鲼（双吻前口蝠鲼）
7米

巨螯蟹
4.2米

狮鬃水母
30米

深海笑话!